COUP D'ŒIL

SUR

LES TRAVAUX

DE LA

SOCIÉTÉ IMPÉRIALE D'ÉCONOMIE RURALE

DE MOSCOU.

1837.

COUP D'OEIL

SUR LES TRAVAUX

DE LA

SOCIÉTÉ IMPÉRIALE D'ÉCONOMIE RURALE

DE MOSCOU.

COUP D'ŒIL

SUR

LES TRAVAUX

DE LA

SOCIÉTÉ IMPÉRIALE D'ÉCONOMIE RURALE

DE MOSCOU

DEPUIS SA FONDATION.

EXTRAITS DES RAPPORTS ANNUELS DE LA SOCIÉTÉ.

MOSCOU,
DE L'IMPRIMERIE D'AUGUSTE SEMEN,
IMPRIMEUR DE L'ACADÉMIE IMPÉRIALE MÉDICO-CHIRURGICALE.

1837.

ПЕЧАТАТЬ ПОЗВОЛЯЕТСЯ,

съ тѣмъ, чтобы по отпечатаніи представлены были въ Ценсурный Комитетъ три экземпляра. Москва, Ноября 6 дня, 1836 года.

Ценсоръ и Кавалеръ И. Снегиревъ.

AVANT-PROPOS.

La Société d'Economie rurale de Moscou en appelant l'attention des propriétaires sur l'état de l'agriculture nationale et sur les perfectionnemens, dont elle était susceptible, a essayé de donner une impulsion vigoureuse au génie agricole et industriel de la Russie. Elle n'a reculé ni devant les travaux ni devant les difficultés de cette entreprise patriotique. Sa mission était d'éclairer et de corriger, de faire connaître les inventions nouvelles et de lutter contre les vieux abus consacrés par la routine. Il lui fallait conséquemment avant tout fonder des établissemens pour l'instruction théorique et pour l'instruction pratique et entrer en relation avec les cultivateurs des différens points de l'Empire.

Après plus de quinze années de soins constans la Société croit avoir atteint le but qu'elle s'était proposé. Elle possède une école agronomique et une ferme-modèle; elle a dans les diverses contrées de la Russie des correspondans qui prennent une part active à ses travaux; mais elle reconnait cependant le besoin de s'ouvrir des relations nouvelles avec les sociétés d'agriculture et les savans agronomes des autres pays de l'Europe. Dans cette intention elle a fait rédiger la notice qu'elle publie aujourd'hui, afin de donner aux étrangers un aperçu du résultat de ses premiers travaux.

INTRODUCTION.

De tout tems la Russie s'est occupée avec succès de l'agriculture. Le commerce fréquent entre Novgorod, Pskov et les villes Anséatiques, qui consistait principalement dans l'échange des produits agricoles indigènes contre des produits industriels des autres pays, en fournit la preuve certaine. Mais les mêmes causes qui, pendant plusieurs siècles, s'opposèrent à la civilisation de la Russie, retardèrent aussi la marche de l'agriculture.

Une ère nouvelle commença sous Pierre-le-Grand. Ce génie supérieur qui embrassait tout, persuadé que l'agriculture est une des sources les plus abondantes de la richesse nationale, n'épargna rien pour l'améliorer dans ses états;

et de nos jours encore nous ressentons les effets bienfaisans de la sollicitude prévoyante de ce sage monarque. La Russie lui doit l'importation des meilleures races de chevaux, de bêtes bovines et ovines, le perfectionnement de l'horticulture, les premiers essais de la culture du tabac, de la soie; des lois rurales, *vicinales* et forestières etc.

L'institution de *la Société d'Économie rurale de St. Pétersbourg*, en 1764 est aussi une date mémorable dans l'histoire de l'Agriculture en Russie; les travaux de cette société, recueillis en 72 volumes, *continuent leur marche utile* sous la présidence de M. le Comte Mardvinoff, homme d'état et philantrope distingué.

La ville de Dorpat a aussi une Société d'agriculture dont la fondation remonte à 1793; et qui a déjà puissamment contribué au perfectionnement de l'agriculture dans les provinces Baltiques. Ses *Annales* rédigées par M. André de Löwis et les observations du celèbre agronome M. le Professeur Schmalz, rendent journellement d'importans services à la science.

La Société Impériale de Moscou, fondée en 1818 et ouverte depuis 1820, ne restera pas en arrière de ses ainées.

Enfin M. le Comte Voronzoff est à la tête de la Société formée à Odessa en 1828. Le but de cette association est d'encourager et de perfectionner les branches d'économie rurale spécialement propres aux climats méridionaux de l'Empire. *Le Courrier et le Bulletin d'Odessa*, rédigés avec talent par M. Marozoff, sont deux journaux publiés aux frais de la Société pour la propagation des connaissances agronomiques.

Ce relevé chronologique des différentes institutions agricoles de la Russie prouve sans doute l'impulsion toujours croissante qu'a reçue l'industrie rurale, mais que sont des particularités à côté de la marche progressive de la science dont les progrès n'ont jamais de bornes. Partout, des bords de la mer Glaciale jusqu'au de là du Caucase, du Kamtschatka jusqu'aux rives de la Vistule, on remarque dans les peuples un avide désir d'instruction, que notre gouvernement paternel règle et dirige avec habileté vers le bien public. Quelques faits pris dans les quatre dernières années établiront mieux encore cette vérité.

D'après les ordres de S. M. L'Empereur, il s'est formé à St. Pétersbourg un comité central agricole, pour l'amélioration de l'agriculture dans toute l'étendue de l'Empire.

Sur la proposition de S. E. le ministre des finances, on publie, depuis 1834, aux frais de l'état, *une Gazette agronomique*, qui est distribuée moyennant l'abonnement le plus modique à de nombreux souscripteurs.

Une Société forestière a été organisée à S^t. Pétersbourg.

Tiflis vient d'établir une association agricole-industrielle, où l'éducation des vers-à-soie est principalement *approfondie.*

Une école rurale, avec une ferme-modèle, s'organise au Kamtchatka.

Le Ministère de l'Intérieur fait imprimer un journal pour l'accroissement de l'industrie en général.

Enfin la classe agronomique ouverte dans l'école militaire d'Omsk, les compagnies pour l'amélioration des mérinos de la Sibérie et des provinces Baltiques, l'Association pour la culture de la vigne en Crimée et tous les établissemens du même genre faits dans ces quatre dernières années sont des témoignages évidens de l'impulsion générale et des rapides progrès de la Nation.

Les détails qui précèdent doivent faire apprécier l'influence qu'est appelée à exercer et qu'exerce déjà la Société Impériale de Moscou sur la régénération de l'agriculture russe. Le tableau succinct que nous allons tracer fera encore mieux connaître toute l'importance de cette influence; il présentera successivement :

1° La fondation et l'organisation de la Société;
2° Son école et sa ferme-modèle;
3° Ses rapports avec les autres établissemens agronomiques de l'Empire;
4° Les améliorations et les perfectionnemens auxquels elle est parvenue
5° enfin les travaux littéraires.

FONDATION

ET

ORGANISATION

DE LA SOCIÉTÉ.

En 1818 il n'existait encore en Russie que deux Sociétés agronomiques: celle de St. Pétersbourg et celle de Dorpat. Malgré le zèle actif de ces établissemens, il y avait impossibilité pour eux de suffire plus longtems au besoin d'instruction qui se manifestait de toute part; et l'agriculture qui se trouvait jusqu'alors presque exclusivement entre les mains routinières des simples cultivateurs et des régisseurs de domaines, ne pouvait pas rester éternellement dans cet état de dépérissement et d'abandon.

Des hommes éclairés sentirent que l'agriculture nationale était susceptible de subir de grandes et utiles améliorations, mais ils reconnurent en même tems qu'il fallait un certain degré de savoir dans les campagnes. Ils entreprirent en conséquence de répandre des connaissances au moins élémentaires parmi les cultivateurs, et de faire donner, aux jeunes-gens qui se voueraient à la carrière agronomique, une éducation qui fût en rapport avec leurs travaux futurs.

La fondation d'une Société agronomique au centre de l'Empire, à Moscou, fut le moyen qu'ils adoptèrent comme le plus efficace pour parvenir à leur but.—Alors se réunirent :

M. le Prince Dmitri Golitzine, Gouverneur-Général-Militaire de Moscou, *Président de la Société ;*

M. le Général, Comte Pierre Tolstoï, *premier Vice-Président;*

M. le Prince Serge Gagarine, Conseiller-Privé, *second Vice-Président;*

M. le Général-Major Nicolas Mouravieff;

M. Dmitri de Poltorazki;

M. le Général de Génie Léon Carbonier ;

M. de Witoftoff, Conseiller-Privé ;

M. le Général-Major Pouchkine.

D'après les statuts, la Société se compose de membres honoraires, de membres ordinaires et de membres correspondans.

Ils font l'élection d'un Président, de deux Vice-Présidents, de quatre Chefs de section, d'un Secrétaire et d'un Trésorier. Ces fonctionnaires constituent le Conseil de la Société, ils ont la direction des affaires et font les rapports dans les séances publiques.

Pour faciliter les travaux, la Société s'est divisée en quatre sections, et chacune d'elles est présidée par les chefs de section dont on vient de parler.

La première section s'occupe des travaux littéraires, de la rédaction du journal de la Société, de la correspondance etc. MM. de Witoftoff et de Pouchkine, furent d'abord les chefs de cette division; mais lors de la première séance, le 20 Décembre 1820, ils furent remplacés par M. Antonski, alors Recteur de l'Université Impériale de Moscou, par M. Fischer de Waldheim, célèbre naturaliste, et par M. le Conseiller de collège, le Dr. Etienne de Massloff, qui, depuis plus de 15 ans, ne cesse de rendre à la Société les plus grands services.

La seconde section est chargée de la pratique agronomique et de la ferme-modèle. Feu M. Dmitri Poltarazki, propriétaire, qui contribua si utilement à la fondation de la Société et à qui la culture perfectionnée est surtout redevable, dirigeait ce service. M. de Goussiatnikoff, propriétaire éclairé lui a succédé.

La troisième section a l'inspection de la partie mécanique, elle est sous les ordres de M. le Général Jænisch.

Enfin la quatrième section dirige l'école rurale. A la tête de cet établissement est M. le Général de Mouravieff, connu par plusieurs ouvrages agronomiques, et surtout par les notes savantes qui enrichissent la traduction que M. de Massloff a faite, en langue russe, *des principes raisonnés de l'agriculture, par Thær.*

ECOLE AGRONOMIQUE

ET

FERME-MODÈLE.

Il s'agissait de donner à notre agriculture une base scientifique et d'en faire aimer l'étude. La Société ne recula pas devant les sacrifices qu'il fallait faire. Elle créa une école agronomique et une ferme-modèle.

L'école doit beaucoup à la sollicitude de M. le Président de la Société, le Prince Dmitri Golitzine, qui a acheté la vaste propriété qu'elle occupe maintenant. Cet établissement lui doit la prospérité dont il jouit aujourd'hui.

De 1822 à 1835 plus de 150 jeunes-gens ont été formés à ce cours normal. Plusieurs riches propriétaires, dans l'intention d'avoir des régisseurs instruits, y ont envoyé des élèves. La Maison des Orphelins de Moscou en a aussi fourni quelques-uns qui tous, à la fin de leurs études, ont trouvé à se placer avantageusement. M. le Vice-Amiral Ricord, ancien gouverneur du Kamtchatka, a adressé à la Société deux Kamtchadales, qu'elle a élevés à ses frais, et aujourd'hui ils propagent les fruits de leur instruction dans ces contrées lointaines. A la demande de l'administration de la Sibérie occidentale, deux élèves ont joui des mêmes privilèges;—maintenant ils sont à la tête de la *ferme-expérimentale* d'Omsk en Siberie et ils professent l'agronomie à l'école militaire de cette ville.

Pour appliquer la théorie à la pratique une ferme-modèle a été fondée à Moscou en même tems que l'Ecole agronomique. Le mode d'enseignement y est réglé de la manière suivante:

Les cours s'ouvrent dans toute l'Ecole le 1er Septembre et continuent jusqu'au 1er Mai. Deux classes supérieures se rendent alors à la ferme pour commencer les travaux pratiques, tandis que les classes inférieures restent à l'établissement jusqu'au 1er juillet et continuent leurs études élémentaires. A cette dernière époque toutes les classes sont réunies à la ferme, où elles restent jusqu'au renouvellement de l'année scholaire.

La Religion, la Botanique, la Physique, la Chimie, l'Agronomie, les Mathématiques, l'Architecture rurale, l'Arpentage et la levée des plans composent l'enseignement.

La ferme ayant pour objet de conduire les élèves à la solution des problêmes agronomiques, on a destiné 124 arpens pour faire des essais utiles. Sur ces 124 arpens, 36 sont cultivés d'après trois méthodes différentes, dans l'un des trois buts suivants :

1. Connaître les produits que donnent les terrains d'une qualité égale, lorsque leur culture est dirigée d'après des systèmes différens, et quel est le système préférable.

2. Savoir dans quelle proportion il faut augmenter ou diminuer les journaliers sur un nombre donné d'arpens, *et vice versa*, quand on remplace un système de culture par un autre.

3. Reconnaître quel est le système qui assure au sol une plus longue fertilité.

En sus, 24 arpens sont labourés et ensemencés suivant la méthode que l'expérience démontre être la meilleure, et 4 arpens sont livrés à des essais comparatifs avec des graines de diverses espèces et des instrumens aratoires différens ; enfin 12 arpens sont consacrés à la culture de plantes médicinales, potagères, commerciales, industrielles etc. etc.

Dire que le disciple distingué du célèbre Thaer, le Professeur Michel Pavloff de l'Université de Moscou dirige l'Ecole et la Ferme de la Société, c'est répondre à toutes les exigences administratives et scientifiques.

La munificence inépuisable de S. M. l'Empereur, qui vient de gratifier ces établissemens d'une somme de 210000 roubles, va permettre de leur donner en 1837 une extension plus grande.

RELATIONS

DE LA SOCIÉTÉ

AVEC

LES AUTRES SOCIÉTÉS AGRONOMIQUES DE LA RUSSIE.

Le besoin généralement reconnu de perfectionner l'agriculture donna naissance aux Sociétés agronomiques de l'Empire, et elles entrèrent immédiatement en rapport avec la Société de Moscou, afin de travailler de concert à l'accomplissement de l'œuvre commune.

L'administration de la Sibérie occidentale surtout, rechercha avec empressement cette alliance. Si des résultats brillans et des perfectionnemens successifs sont dus, dans ces provinces asiatiques, à l'activité des autorités locales, représentées par MM. J. B. Bronewsky, J. A. Wiliaminoff et P. M. Kapzewitch, on peut dire aussi que les établissemens agronomiques d'Omsk, la ferme-modèle et la classe d'agriculture de l'Ecole militaire de cette ville, doivent être considérés comme les fruits de l'impulsion donnée par la Société de Moscou.

La Sibérie orientale concourut efficacement aussi à l'entreprise générale: M. Burnacheff, dirigea l'attention des habitans de Nertchinsk sur la culture de la pomme-de-terre et contribua à accréditer dans ces contrées celle de l'orge de l'Himalaya.

On sait déjà combien le gouvernement du Kamtchatka est redevable à M. le Vice-Amiral Ricord, ainsi qu'à M. A. N. Golenischtcheff, son successeur, et au collaborateur de ce zélé administrateur, M. P. P. Kusmistcheff, qui suivent la route tracée par leur prédécesseur. Pour stimuler l'émulation parmi leurs administrés ils ont institué des fêtes annuelles et des encouragemens publics. M. A. N. Golenischtcheff a formé une compagnie agronomique et une ferme-modèle.

La Société de Moscou s'est fait un devoir de mettre à la disposition du gouvernement du Kamtchatka, de la ville d'Odessa et de celle de Tiflis toutes les ressources dont elle peut disposer.

Elle a expédié dans la capitale de la Géorgie de la graine de Nicotiane, (ou tabac) et de Cotonnier, avec des instructions détaillées pour la culture de ces deux plantes ; elle y a joint des instructions sur l'éducation des vers à soie.

Personne n'ignore que les provinces transcaucasiennes produisent une grande quantité de soie, mais ces productions laissent beaucoup à désirer. Aussi le commerce met-il une immense différence entre les soies transcaucasiennes et celles d'un établissement situé non loin de Stavropol, et dirigé par M. Rebroff.

Les soies de M. Rebroff sont estimées 1400 francs le quintal, ou mieux les 16 kilogrammes, tandis que les autres ne valent pas plus de 500 francs. Cette différence provient presque entièrement de l'excellente méthode de ce savant propriétaire. La Société de Moscou a appelé l'attention de l'association de Tiflis sur le bel établissement de M. Rebroff. Si l'on peut parvenir, et cela n'est pas impossible, à faire rivaliser avec son établissement les provinces transcaucasiennes, qui produisent annuellement 30000 quintaux environ, la Russie s'assurera par année un revenu fixe de quinze millions.

Une relation également intéressante est celle, que la Société a formée avec M. Prokopowitch propriétaire dans le gouvernement de Poltava. Cet estimable agronome fait une étude spéciale des abeilles, et il a adressé à la Société divers projets relatifs à l'amélioration de cette branche d'industrie. L'intérêt que la Société a pris à ces communications n'a pas été stérile, puisqu'en 1828 on a fondé, non loin de Batourine, en petite Russie, une école qui s'occupe de cette ressource importante. L'école de Batourine avait déjà formé 155 élèves à la fin de 1834, et au commencement de l'année courante elle en comptait 74. Plusieurs établissemens du même genre ont été ouverts dans ces derniers tems à Schazk par les soins de M. le Prince Wolkonsky et à Krementschuk par ceux de M. Wischnewsky.

TRAVAUX

DE LA SOCIÉTE

POUR

L'AMÉLIORIATION DE L'AGRICULTURE RUSSE.

MÉRINOS.

Les plaines de Poltava qui attestent la gloire de nos armes, rappellent aussi notre illustration industrielle; Pierre-le-grand y introduisit le premier les brebis de la Saxe et celles de la Pologne, dans l'intention d'améliorer les races de bêtes ovines. Cependant l'importation des véritables mérinos appartient à notre époque. La Société de Moscou, appréciant ce service rendu à notre économie rurale, a cherché à le faire contribuer au bien général; dans son journal agronomique elle a publié plusieurs articles importans, dus à M. Pictet de Rochemonde et à M. Sabouroff; M. Masloff enfin a traduit les ouvrages de Sotemps et de Koppe. Ce zèle actif n'a pas été infructueux. De nombreux troupeaux de mérinos se sont formés sur tous les points de la Russie. Bientôt les propriétaires ont reconnu la nécessité de se réunir et de communiquer entre eux. Alors, de concert avec S. E. le Ministre des finances, M. le Comte Cancrine, le Prince D. Golitzine, Président de la Société a fait rédiger le plan d'une Société nouvelle pour la propagation des mérinos. Ce plan, élaboré plus tard par un comité convoqué sous les ordres du Vice-Président de la Société, le Prince S. Gagarine, a produit la fondation d'une Société centrale.

Cette Société a pour objet 1° de réunir tous les renseignemens relatifs à l'état des bergeries en Russie.

2° De correspondre avec les propriétaires de troupeaux et de s'occuper de la recherche de tout ce qui peut servir aux progrès de cette industrie et d'en informer le Ministre des Finances.

3° De propager, par une feuille particulière et périodique, les connaissances nécessaires à l'éducation des mérinos.

Il résulte des documens publiés déjà par cette Société qu'en 1832 soixante dix districts comptaient 680 bergeries réunissant 1,052,289 moutons de race espagnole.

Les troupeaux les plus considérables se trouvent dans les Gouvernemens d'Ekatherinoslav, de Poltava, de Voronèje, de Simbirsk, de Saratof, de Tchernigof, dans l'Ukraine, dans la Crimée, dans les provinces Baltiques etc.; les plus nombreux sont ceux de MM. Vassal, Mary, Stieglitz, Anhalt-Köthen, Pothier, Narischkine, Litta, de Mad. la Comtesse Razoumovsky etc. qui comptent 15=20=30 et jusqu'à 54000 têtes.

Les gouvernemens intérieurs de l'Empire sont moins riches.

Les chiffres suivans présentent l'état des bergeries en Russie; il s'y trouvent:

72	troupeaux au dessous	de	100		brebis,
45	de		100	à 150	
148			150	300	
86			300	500	
119			500	1000	
102			1000	1500	
45			1500	2000	
40			2000	5000	

Les grands avantages qu'offrent les landes des gouvernemens méridionaux de la Russie, contribueront sans doute à améliorer l'éducation des mérinos et à donner à cette industrie tous les développemens, dont elle est susceptible.

Le gouvernement a attiré l'attention des capitalistes sur cette branche de revenu et a provoqué l'établissement de plusieurs sociétés d'actionnaires.

SOIE.

La soie a considérablement gagné dans les provinces en deçà du Caucase, par les soins de M. Rebroff; c'est une remarque que la Société a faite avec une bien vive satisfaction. Les derniers échantillons qu'il a envoyés sont une preuve nouvelle du perfectionnement progressif de cette industrie. Les industriels français, à qui ces échantillons ont été montrés par M. le Baron de Meyendorff, agent du ministère des finances et résidant à Paris, ont eu peine à croire que cette soie fût en effet un produit indigène de nos contrées, et leurs éloges ont confirmé la décision unanime des fabricans de Moscou sur la qualité déjà supérieure de cette production.

La Société, sur la demande de M. Rebroff, lui a envoyé un élève de l'Ecole agronomique pour être initié à sa méthode et à sa manière de préparer les soies. Les Sociétés de Tiflis et d'Odessa ont été invitées à suivre cet exemple.

La Société a aussi accueilli avec empressement la proposition de M. Rebroff d'essayer la plantation du murier dans quelques jardins publics de la capitale et d'ouvrir un petit établissement pour l'éducation des vers-à-soie. M. Jouditzky, attaché à la Société, a planté environ 200 pieds de ces arbres, et leurs feuilles ont nourri une certaine quantité de larves qui ont produit à peu près 500 cocons d'une soie excellente.

Ces essais ne sont pas sans importance pour qui veut se bien persuader que le but de la Société est, non pas de vouloir importer dans notre capitale les productions des pays méridionaux, mais seulement de donner aux fabricans de soieries des connaissances utiles dans leur état et d'amener à faire des observations pour savoir si le murier peut s'acclimater à Moscou. Les faits recueillis à cet égard pendant le long et rigoureux hiver de 1835-1836 sont très intéressants. Presque tous les pommiers ont été gelés, la plupart des cerisiers ont péri, les bouleaux, les peupliers, les chênes même ont beaucoup souffert ; et les pieds de mûriers couverts de neige se sont parfaitement conservés. Ces faits positifs engagent la Société à continuer ses recherches sur la possibilité de propager la culture des muriers et par conséquent l'élève des vers-à-soie, surtout dans les gouvernements de Saratoff, de Pensa, de Tambov etc.

BLÉ.

La Société a donné toute son attention aux essais qui ont été tentés avec de nouvelles espèces de céréales et à la propagation des graminées, dont elle espérait le plus d'utilité pour la Russie.

L'orge de l'Himalaya mérite une mention particulière. Le succès que la culture de cette céréale a obtenu dans l'Empire nous oblige à donner quelques détails sur son importation dans nos contrées. Un article du Journal agronomique extrait par M. Massloff d'une feuille allemande, la Abendzeitung, nous en donna les premières notions et nous apprit que S. A. I. l'Archiduc Jean d'Autriche possédait de l'orge de l'Himalaya ; nous apprîmes qu'un seul grain, semé le 3 Janvier, avait poussé 31 tiges qui, le 1 Juillet suivant, produisirent 334 grains parfaitement mûrs. La lecture de cette notice détermina le Vice-Président de la Société, M. le Prince S. Gagarine à prier Monseigneur l'Archiduc Jean de nous en faire délivrer quelques grains. Envoyés à Nertschinsk, ils ont multiplié d'une manière prodigieuse par les soins de MM. Frisch, Rick et Bournacheff. De Nertschinsk ces semences ont été introduites d'abord au Kamtchatka, puis à Omsk et maintenant elles sont répandues dans toute la Russie.

M. le Général Bronevsky et M. Scheveleff, tous les deux membres de la Société, ont fait venir de la Chine et de la Boukarie différentes sortes de froment connu sous le nom de *teremkovaja* et de *dorogaja*, ainsi que plusieurs espèces de millet et de sarrasin.

La Société a expédié pour la Sibérie toutes les graines européennes, qu'elle a jugé pouvoir être de quelque utilité aux habitans de ces régions septentrionales. Puisse-t-elle réussir à naturaliser les plantes de l'Europe sur cette partie du sol de l'Asie!

POMMES-DE-TERRE.

Quiconque ne connait pas les préventions de nos cultivateurs contre la pomme-de-terre, ne pourra jamais croire ce qu'il en coûte encore aujourd'hui de peine et de persévérance à la Société, pour accréditer dans les campagnes la culture de ce tubercule inappréciable. Ces préventions, d'ailleurs, n'ont elles pas régné dans tous les pays?

Afin de parvenir à déraciner graduellement ce préjugé, la Société a chargé un de ses membres, M. Réchetnikoff, de rédiger une instruction populaire sur la culture des pommes-de-terre. Cet article a été publié dans le journal agronomique et distribué dans toutes les communes du gouvernement de Moscou.

La fabrication du sucre d'amidon qui prospère de plus en plus en Russie, contribuera sans doute aussi à y faire prospérer la culture de la pomme-de-terre.

TABAC.

La culture du tabac est, sans contredit, un objet d'une grande importance pour l'industrie agronomique. La Société, persuadée de cette vérité, a cherché à le naturaliser en Russie. Ses efforts ne sont pas restés sans résultat, ainsi que le prouvent les fructueuses tentatives faites en Sibérie et dans la Russie Européenne, principalement à Raisan, à Saratoff, à Cherson, à Tchernigoff, à Poltava, à Voronèje, chez les Cosaques du Don, en Crimée etc.

Dans toutes ces contrées les semences ont été envoyées par la Société.

Les tabacs américains ont surtout réussi dans la Crimée chez MM. Dussy, Sommerfeld, Vander-Schreff etc., et dans les colonies allemandes voisines du Volga, où M. Stapf a récolté seul, dans le courant de cinq années, 16355 quintaux, qui ont produit la somme de 114,485 roubles.

Ces succès, quoique importans, ne satisfirent pas encore la Société, elle pensa qu'un cours pratique, sur la culture et la préparation du tabac, était indispensable. Elle soumit cette idée à S. E. le Ministre des Finances, et le pria de faire venir de l'Amérique des planteurs, qu'elle proposa d'établir à la ferme Impériale de Lougane. La Société pria aussi S. E. de solliciter de la munificence de S. M. l'Empereur des fonds pour être distribués, à titre de gratifications, à ceux qui se distingueraient dans la culture du tabac. Sur les cinq mille roubles qui ont été mis à la disposition de la Société, elle a constitué trois primes :

la 1re de. . . . . 2000 R.
la 2e de. . . . . 1200 »
la 3me de. . . . . 800 »

et de plus, elle a fait frapper quatre médailles en or, chacune de la valeur de vingt ducats.

Le concours est resté ouvert jusqu'à 1837. Les meilleurs échantillons, envoyés jusqu'à présent, sont ceux de MM. Van-der-Schreff, Sommerfeld et Klepatzky.

SUCRE DE BETTERAVE.

Appréciant tous les avantages que la Russie peut tirer de la fabrication du sucre de betterave, la Société n'a rien épargné pour fixer l'attention des cultivateurs sur cet important sujet, et les aider à vaincre les obstacles qui s'opposent depuis si longtems à la propagation de cette branche d'industrie dans l'Empire.

La composition d'un Comité, chargé spécialement de surveiller la fabrication du sucre de betterave, parut être un élément de succès. Ce Comité fut établi par les soins de MM. Massloff et Schischkoff.

Il s'occupe :

1° De tous les procédés relatifs à la culture de la betterave.

2°. De l'examen des différentes méthodes propres à l'extraction du sucre, et de l'indication aux fabricans de la méthode la plus avantageuse.

3°. Des renseignemens et des conseils à donner aux personnes qui veulent établir de ces fabriques.

4°. Enfin de la publication des recherches et des résultats qui sont parvenus à la connaissance du Comité.

Pour connaître jusqu'à quel degré de latitude la culture de la betterave peut être étendue dans la Russie, le Comité a envoyé dans différens gouvernemens, et même dans les contrées de l'Empire les plus éloignées, de la graine de betterave blanche de Silésie. Aussitôt que les betteraves produites par ces graines sont parvenues à leur maturité, ils furent envoyées à Moscou, où elles ont été soumises à des analyses, qui ont donné les résultats suivans:

1834.

Contrées ensemencées.	Pesanteur des betteraves	Sucre contenu en 100 p. de betterave.
	Onces.	
I. SIBÉRIE.		
1. Bouchtarminsk a). . .	3	12, 7%
b). . .	6	11, 5%
c). . .	10	11, 1%
2. Biisk.	16	7,66%
3. Omsk.	49	6,70%
4. Tobolsk.	16	4,60%
II. RUSSIE EUROPÉENNE.		
Pays des Cosaques du Don.		
5. Kachenko.	19	12,13%

Contrées ensemencées.	Pesanteur des betteraves	Sucre contenu en 100 p. de betterave.
	Onces.	
GOUVERNEMENT DE MOSCOU.		
6. Véréja.	11	11,96 %
GOUVERNEMENT DE RIAZAN.		
7. Spechneva.	33	10,30 %
GOUVERNEMENT DE TOULA.		
8. Molodensk.	33	10,27 %
9. Boutirsk.	33	9,20 %
GOUVERNEMENT DE ORENBOURG.		
10. Bouzoulouck. . . .	33	8,33 %

1835.

SIBÉRIE		
Omsk.		
a). . .	8	8, 6 %
b). . .	19	4, 5 %
RUSSIE EUROPÉENNE.		
GOUVERNEMENT		
de Riazan.	42	8,26 %
GOUVERNEMENT DE TOULA.		
a). . .	13	9,31 %
b). . .	16	9,00 %
c). . .	18	8,27 %

Contrées ensemencées.	Pesanteur des betteraves	Sucre contenu en 100 p. de betterave.
GOUVERNEMENT DE JAROSLAVL.		
Ouglitch.	22	8,37 p.%
GOUVERNEMENT DE MOSCOU.		
Moscou.		
a). . .	6	11,4 p.%
b). . .	13	9,43 p.%
c). . .	23	9,55 p.%
d). . .	45	7,43 p.%

De ces observations il résulte :

1° Que la quantité de sucre contenu dans les betteraves peut varier suivant les influences météorologiques de chaque année. La betterave de 1834 contenait d'un jusqu'à deux p.% plus de sucre que celle de 1835.

2°. Qu'il n'existe pas de rapport direct entre la pesanteur des betteraves et la quantité de ses parties sucrées. Dans la Russie européenne jusqu'au 56me degré de latitude, les betteraves d'un poids de 4—8 onces contiennent 10—13 p.% de sucre

»	8—16	»	»	9—12 p.%	» »
»	16—32	»	»	8—11 p.%	» »
»	32—64	»	»	7—10 p.%	» »

Mais il n'en est pas de même des betteraves de la Sibérie. Les betteraves d'Omsk et de Tobolsk par exemple ne contiennent que $4\frac{1}{2}$ p$\frac{o}{o}$ de sucre pour un poids de 16 à 19 onces.

3°. Que la pesanteur des betteraves et par conséquent la quantité de ses parties sucrées dépend principalement de la qualité du sol.

4°. Que les provinces de la Russie qui offrent le plus de chance de succès pour la culture de la betterave, sont celles, où se trouve le plus de terreau productif, principalement les gouvernemens de Saratof, de Penza, de Tambof, de Toula, de Riazan, de Voronège, l'Ukraine, la Bessarabie et le pays des Cosaques du Don.

On a tenté aussi en Russie de perfectionner l'extraction du sucre de betterave.

M. Davidoff s'est particulièrement occupé de cette partie. Le premier avec MM. Beaujeu et Dombasle, il a employé la digestion aqueuse pour extraire le sucre des betteraves ; mais sa méthode diffère de la leur, en ce qu'il se sert de l'eau froide et qu'ils emploient l'eau chaude. Le procédé simple et facile de M. Davidoff s'est beaucoup répandu en Russie et les fabricans en sont très contents. Ils retirent par cette méthode de trois parties de betterave autant de sucre qu'en donnent les presses de quatre parties.

La première fabrique de sucre de betterave, établie en Russie, est celle de M. le Général

Blankennagel; elle fut ouverte dans le courant de l'année 1800; à une époque où il n'y avait presque nulle part d'établissemens de ce genre. Neuf ans après, cette fabrique fut cédée à M. le général Gérarld. Dans le même tems M. de Malzoff forma la sienne. Ces deux fabriques furent les seules dans l'Empire jusqu'à 1825. Dix ans plus tard on en comptait près de quatre-vingts, produisant annuellement un total de plus de 1,600000 kilogrammes de sucre.

La fabrique maintenant la plus importante de la Russie est celle de M. le Comte Bobrinsky; on y travaille sur 56 mille kilogrammes de betteraves par jour. N'oublions pas de mentionner ici la petite fabrique normale de M. Massloff, formée pour l'instruction des personnes qui veulent se livrer à l'industrie dont nous parlons et leur prouver par l'expérience la supériorité réelle de la méthode de M. Davidoff.

MACHINES

ET

INSTRUMENS ARATOIRES PERFECTIONNÉS.

Les instrumens aratoires se sont perfectionnés en Russie avec l'Agriculture. Plusieurs de nos agronomes se sont occupés de leur perfectionnement, entre autres MM. Pavloff, Sabouroff, Goussiatnikoff, Machoff, Diakonoff, Kikine et Posdounine. Nous devons à feu M. Poltarazki l'importation de la machine écossaise à battre le blé et plusieurs autres instrumens qu'il fit venir à grands frais. On lui est également redevable de la charrue connue généralement chez nous sous le nom de charrue de Poltarazki.

Les journaux étrangers nous ont fait connaître la charrue Grangé. La Société l'a achetée et a engagé les Sociétés de Pétersbourg et d'Odessa à se la procurer.

M. Sazepine, inventeur d'une charrue à cinq socs, avait déjà construit, sur un dessin de la charrue Grangé, un instrument dont il fit l'heureux essai dans l'automne de 1834. On a reconnu l'utilité de cet instrument pour le labourage du sol vierge des landes, mais on ne peut s'en servir pour les terres cultivées et légères.

La taillanderie des faux donnait lieu à une dépense annuelle de plus de deux millions de roubles, que le commerce russe payait aux pays étrangers. M. Anosoff, Directeur de la fabrique de Slatooust, dans le gouvernement d'Orembourg, entreprit de nous affranchir de cette dépense. Ses premières faux ne satisfirent pas d'abord l'attente de la Société, mais peu-à-peu elle en reçut qui étaient presque d'une qualité égale à celles de la Stirie.

L'intention où l'on est à Slatooust de donner à cette industrie plus d'étendue, fait espérer que nos faucheurs ne se serviront bientôt plus que des instrumens taillandés dans nos fabriques. Déjà, à la foire de Nijni-Nowgorod, on a vendu en 1835 quatre mille faux faites à Slatooust.

Pour répondre aux demandes journellement faites à la Société, de machines économiques et d'instrumens perfectionnés, elle s'est adjoint MM. Boutenope frères, mécaniciens habiles, dont les ateliers ont fourni, antérieurement à 1835:

650 machines à vannes.

112 ——— à battre le blé.

78 barattes.
13 appareils-amidoniers
et dans l'année même de 1835:
8 moulins.
118 machines à battre le blé.
733 à vanner.
103 haches-pailles.
23 barattes.
26 semoirs.
29 râpes à pomme de terre.
5 charrues-Grangés.
11 extirpateurs etc. etc.

Une fabrique du même genre dirigée par MM. Bibikoff existe à Riazan. Ils ont confectionné dans le courant de l'année 1834:

20 machines à battre le blé.
50 ——— à vannes.
6 haches-pailles.
10 râpes à betteraves.
2 —— à pavots etc.

Ce besoin de machines agronomiques n'est-il pas une preuve certaine des progrès de notre agriculture?

TRAVAUX LITTÉRAIRES

DE LA SOCIÉTÉ.

Les travaux littéraires de la Société sont consignés dans les journaux rédigés par MM. Massloff et Androssoff :

Le Journal Agronomique, le Journal pour la propagation des mérinos et la Feuille périodique du Comité des raffineurs de sucre.

Notre cadre ne nous permet pas de donner une analyse complète de ces articles ; bornons nous à quelques indications prises dans les dix derniers volumes.

Le journal agronomique date de 1820; il parut d'abord en trois, puis en quatre et enfin en six cahiers par an. Les articles alors étaient en partie traduits des feuilles étrangères et en partie rédigés par des agronomes russes.

Les cahiers de 1832 offrent un seul emprunt, c'est un article tiré des feuilles anglaises concernant les discussions qui ont eu lieu au Parlement sur le commerce du blé;

Celles de 1833 contiennent trois traductions, savoir :

Théorie de l'assolement par de Candolle,

Aperçu sur les principes de l'Agronomie par Krudd ;

Réflexions sur l'importation du sucre en France par Dombasle ;

et celles de 1834 quatre articles :

Opinion sur les fermes expérimentales, par Dombasle ;

Théorie de la végétation du blé, par de Candolle;

Charrue de Grangé, par Dombasle et Huzard;

Manière de recouvrir les graines au moyen de la charrue, par Vohgt.

Ainsi, dans l'espace de trois années, on a emprunté seulement huit articles aux publications agronomiques étrangères et tous les autres appartiennent aux agronomes de notre pays.

Parmi ces derniers articles, ceux qui excitèrent le plus l'intérêt général sont :

Le mémoire de M. le Professeur Pavloff sur la théorie et la pratique de l'agriculture ;

Les observations de M. P. A Kikine, sur l'état des propriétés nobiliaires ;

Les remarques de M. Wilkins sur le même objet ;

Vues sur l'agronomie russe et sur les causes du peu de prospérité des paysans en comparaison des moyens dont ils peuvent disposer et les obstacles qui s'opposent au perfectionnement de l'agriculture, par M. Bounine;

Salaire des travaux des cultivateurs russes, par M. N. K. Mouravieff;

Possibilité de fonder une agriculture rationnelle en Russie, par M. Wilkins;

Echange d'opinions sur les races de chevaux propres au climat de la Russie, et sur l'utilité des courses publiques, par MM. Bounine, Malzoff et Panoff ;

Remarques sur les régisseurs, par M. le Comte Mardvinoff ;

Agriculture des Kirguis-Kaïssaks, et progrès de l'agriculture dans les contrées voisines d'Omsk, par M. Bronewsky ;

Rapport sur les travaux de la Compagnie agronomique de Kamtchatka, par M. Golenischtscheff ;

Culture et propagation de l'orge de l'Himalaja en Sibérie, par M. Rick ;

Sur la culture de la vigne, dans le gouvernement du Caucase, par M. Rébroff;

Du même auteur: Éducation des vers à soie dans les contrées Caucasiennes, et possibilité de perfectionner cette branche d'industrie.

Ce résumé prouve que nos agronomes se sont sérieusement occupés des principes généraux et particuliers de l'agronomie. La plupart des notices et mémoires que nous venons d'indiquer, n'ont pu être écrits sans de profondes études et de nombreuses recherches spéciales.

Plusieurs autres articles, insérés dans le journal agronomique de la Société, méritent également d'être signalés; ce sont ceux de MM. Sabouroff, Kikine, Strémauchoff et Posdounine, sur les instruments agronomiques perfectionnés;

de MM. Mouravieff, Kikine, Schlippenbach, Alexine, Machoff, Abacheff, Titoff et Koroneff, sur le fauchage du blé;

de MM. Davidoff, Schischkoff, Drouchinine, Jakovleff, Toutschkoff, Läline et Baron Kotz, sur différentes méthodes de l'extraction du sucre de betterave;

de MM. Vasiltschikoff, Novosilzoff, Repninsky, Schischkoff, Malzoff, Savine et Protopopoff, sur l'utilité de construire les maisons des villages en pierre, d'après une méthode nouvelle de M. Gérarld;

Enfin les remarques de MM. Oppermann, Popoff, Klepazky, Koukouscheff sur la culture du tabac américain.

Quelques unes de ces publications n'ont peut-être pas un rapport direct avec l'agriculture, mais elles ont toutes un caractère scientifique qu'on ne saurait méconnaître, et leurs auteurs ont tous également bien mérité de la Société.

CONCLUSION.

En récapitulant ce qui précède, à peine trouvera-t-on une branche de l'Economie rurale qui soit demeurée étrangère à l'investigation d'une Société qui, malgré sa récente origine, se compose cependant aujourd'hui d'une école agronomique, d'une ferme expérimentale, d'une Société centrale pour la propagation des mérinos, d'un Comité de fabricans de sucre, d'une Société hippodromique et d'une Société d'horticulture (*).

Les travaux de la Société, ses recherches actives, ses relations étendues, ses expériences répetées, ses écoles, ses journaux, ses encouragemens démontrent le zèle infatigable de ses membres. Ils ont tâché de seconder autant qu'il dépendait d'eux les intentions paternelles du gouvernement qui veut asseoir la prospérité commerciale et industrielle de l'Empire sur les bases solides d'une agriculture perfectionnée.

(*) La Société d'horticulture est placée maintenant sous la protection de S. M. L'Impératrice.

Dès son avènement au trône S. M. l'Empereur n'a cessé de prouver qu'il regarde les progrès de l'agriculture comme un des plus sûrs moyens d'assurer le bien-être de ses nombreux sujets. Rappelons les propres paroles de l'Empereur, lorsque Sa Majesté daigna honorer de Sa présence l'exposition des produits d'industrie de Moscou. «Je vois avec satisfaction, dit le Mo-«narque, qu'on s'occupe activement à Moscou «de l'agriculture. C'est une source importante «de prospérité pour l'Etat. Elle doit fixer l'at-«tention générale. J'espère que ses progrès con-«tinueront.» La munificence de Sa Majesté a rendu facile l'exécution de ce vœu bienveillant, en donnant à la Société 210000 roubles pour l'augmentation des établissemens agronomiques, en dotant l'école de Gorigoretzk d'un domaine qui donne un revenu annuel de 135000 roubl., en accordant enfin la somme de 75000 roubles aux machinistes de la Société pour les aider dans la fabrication des machines et instrumens aratoires.

Les grands dignitaires de l'Empire et particulièrement S. E. M. le Ministre des finances s'empressent de répondre aux vues sages et utiles de notre Auguste Souverain et prètent l'appui d'une administration éclairée aux développemens de l'Agriculture. La Société Impériale d'économie rurale de Moscou comprend toute l'importance de sa mission. Reconnaissante envers S. M. l'Empereur elle ne cessera de propager parmi les peuples de la Russie le goût des travaux agricoles et elle s'efforcera de rendre l'agriculture nationale digne de la haute protection de Sa Majesté.

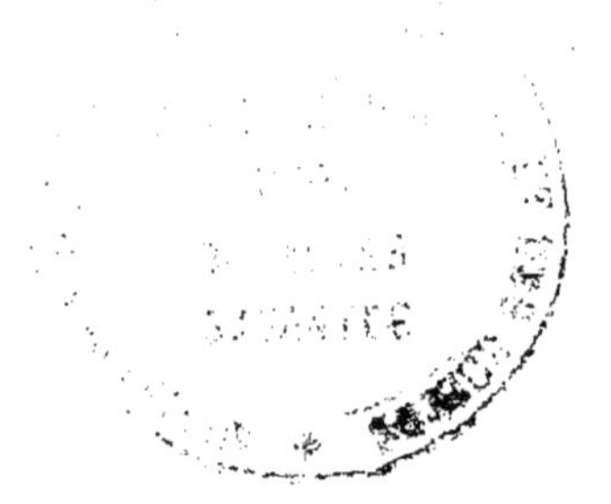

Nota. Les ouvrages mentionées sur la page 24, traduits en russe par Mr Massloff, sont de MM. le vicomte *Perrault de Jotemps, Fabry* fils et S. *Girod* sur la laine et sur les moutons, et de Mr *Koppe* sur l'éducation des mérinos.

www.ingramcontent.com/pod-product-compliance
Lightning Source LLC
LaVergne TN
LVHW050453160826
845677LV00003B/762

* 9 7 8 2 3 2 9 6 6 7 1 1 9 *